Twitterの次のSNS

「Mastodon」入門

マストドン

はじめに

　「Mastodon」は、2016年に開発された、完全オープンソースの「分散型SNS」です。

　イーロン・マスク氏によるTwitter社の買収騒動によって、Twitterのように使えるSNSとして注目を集めており、ユーザー数が増加。

　約1ヶ月の間にユーザー数が約60万人増加しました。

*

　「Mastodon」が「Twitter」の代替として選ばれている一因として、機能が「Twitter」と非常によく似ているという点が挙げられます。

　しかし、異なるサービスである以上、微妙に異なる部分もあるため、「Twitter」など他のSNSに慣れ親しんでいるユーザーには、逆に"分かりにくい"と感じることもしばしばです。

*

　そこで本書では、「Mastodon」について、「Twitterとはどう違うのか」「分散型SNSとは何か」などといった基礎的な事柄からはじめ、主な機能や操作方法を詳細に解説しました。

　さらに、初心者には、お勧めのサーバを紹介しています。

　本書を利用して、「Mastodon」で快適に活動してください。

I/O編集部

CONTENTS

はじめに ……………………………………………………………………………………… 3

第1章 「Mastodon」と「分散型SNS」

[1-1] 「Mastodon」に対する誤った認識 ………………………………………… 8
[1-2] 「分散型SNS」とは何か ……………………………………………………… 10
[1-3] 「Mastodon」と「Misskey」 ………………………………………………… 13
[1-4] 「分散型SNS」の問題点 ……………………………………………………… 14
[1-5] 「Mastodon」の使い方 ……………………………………………………… 15

第2章 「Mastodon」についての留意点

[2-1] 急増した「Mastodon」の利用者 …………………………………………… 20
[2-2] 「ローカル・タイムライン」「連合タイムライン」と上手く付き合おう ……… 21
[2-3] 「公開範囲」を使い分けよう ………………………………………………… 22
[2-4] 中小規模サーバに興味をもとう …………………………………………… 23
[2-5] 「Mastodon」でもできないことはある …………………………………… 25

第3章 「Mastodon」のお勧めサーバ5選

[3-1] サーバ選びの重要性 ………………………………………………………… 26
[3-2] 2022年版「Mastodon お勧めサーバ」紹介 ……………………………… 29

第4章 投稿の仕方

[4-1] 「トゥート」(投稿) を削除する方法 ………………………………………… 36
[4-2] 「ブースト」の使い方 ………………………………………………………… 42
[4-3] 「お気に入り機能」の使い方 ………………………………………………… 46

第5章 フォローの仕方

[5-1] 「リモートフォロー」する方法 ……………………………………………… 51
[5-2] 「フォローリクエスト」を「許可する方法」と「拒否する方法」………… 55
[5-3] 「フォローリクエスト」を申し込む方法 …………………………………… 60

第6章 トラブルの「予防」と「対処」

[6-1] 指定したユーザーを「ミュート」(非表示)にする方法 ………………… 64
[6-2] 指定したユーザーを「ブロック」する方法 ……………………………… 72
[6-3] 問題のある「投稿」や「ユーザー」を通報する方法 …………………… 80

第7章 その他の操作

[7-1] 「プロフィール」を「編集」する方法 ……………………………………… 84
[7-2] 使う言語を変更する方法 …………………………………………………… 92
[7-3] 「非公開アカウント」にする方法 ………………………………………… 99

索引 ………………………………………………………………………………………… 109

第1部

「Mastodon」とは

2022年後半から急激に利用者数が増加した SNS、「Mastodon」。

名前を聞いたことはあっても、「どういうSNS」なのかを具体的に知っている人は少ないのではないでしょうか。

そこで本書では、「Mastodon」がどういった性質のSNSなのか解説しました。

第1章

「Mastodon」と「分散型SNS」

■れるらば

> 本章では、「Mastodon」と「分散型SNS」の概
> 要を解説しています。

URL	https://note.com/rrrb_n/n/nfb00c043df27
記事名	分散型SNS「マストドン(Mastodon)」について改めて知ってもらうための話

1-1　　　「Mastodon」に対する誤った認識

　ガーシーことNHK党所属の参議院議員、東谷義和氏が、「言論の自由」を掲げた新SNS「GAAC2」を、「分散型SNSソフトウェア」の「Mastodon」を利用して開設しました(2022年7月)。

> ※2022年10月31日時点では、「ガーシーツー」は、「GC2」に名称を変更した
> 上で、他のFediverseサーバとはやり取りできないように設定が変更された。

＊

　「ガーシーツー」のプラットフォームである「Mastodon」は、2016年にドイツ人によって作られたフリーソフトウェアです。

　日本では、2017年にMastodonブームが発生し、「Mastodon日本鯖」と名乗った「mstdn.jp」や、pixivが運営していた「pawoo.net」、ニコニコ動画の運営母体であるドワンゴによる運営であった「friends.nico」などのサーバ(旧称:インスタンス)に新規登録者が殺到していました。

　当時は「Twitter」の運営方針が変化し始めた頃でもあり、「脱Twitter」として「Twitter」の運営方針に不満を抱くユーザー、アカウントを凍結されTwitterを追われたユーザーや、ただの新しい物好きなどが集ったのです。
　その様子は各メディアに取り上げられ、「Twitterに代わる新しいSNS!」と見出しが付けられていました。

*

　ところが、「Twitterに代わる新しいSNS！」などとMastodonが取り上げられていたのは、すでに5年近く前の話で、その後は「誹謗中傷対策でmstdn.jpサービス終了」「pixivがpawooを手放す」「ドワンゴがfriends.nico閉鎖」などといった記事ばかりが掲載されていました。

　「mstdn.jp」はサーバ管理者を二度変えながら現在も存続しています。

　「pawoo」も、pixivの手は離れたものの別会社が運営し、「friends.nico」は一度閉鎖したものの、サーバを管理していたエンジニアが後継サーバ「best-friends.chat」を立ち上げ、現在に至っているのですが、各メディアの記事を遡ってもサーバ閉鎖の記事が書かれたきりです。

*

　「ガーシーツー」のサービス開始に伴いMastodonという単語ばかり独り歩きする状況をこのまま放置していては、「Mastodon」ないし「分散型SNS」に対する誤った認識はますます広がるだろうと筆者は考えました。

　そこでこの誤解を少しでも解消するとともに、「**分散型SNS**」への理解を深めるため、実際に「Mastodon」を使っているユーザーの立場で本性を記すに至ったわけです。

　したがって、当記事は「MastodonというSNSをなんとなく聞いたことはあるけどよく知らない」層を対象として、解説をします。

1-2 「分散型SNS」とは何か

「分散型SNS」を簡単に定義すると、

> 大小さまざまなSNSが独自の文化や機能を携え、運営者や規約などが個別に存在し、相互に接続されている形態

と言えるでしょう。

「Twitter」などの大手SNSはこの逆で、一つの巨大なSNSに大勢の人間が集い、企業や法人が定めた利用規約の下に、運営者や運営企業がユーザーを一元的に管理・監視する「**中央集権型**」と言える形態を取っています。

図で表わすと、以下のようになります。

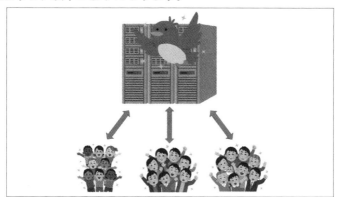

「中央集権型SNS」のイメージ

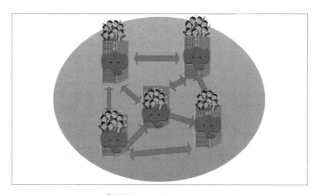

「分散型SNS」のイメージ

　大小さまざまなSNSが独立して相互接続を行なう「分散型SNS」の集まりは、「Fediverse」とも呼ばれています。
フェディバース

＊

　勘違いしている人がとても多いのですが、実は「Mastodon」という単語は「分散型SNS」（Fediverse）全体を示す言葉ではありません。

　「Mastodon」はあくまでも「Fediverse」内でサーバを構築するソフトウェアの一種にすぎないのです。

　この形態は、言わば海原に浮かぶ島々、あるいは国家のようなもので、「2ちゃんねる」（5ちゃんねる）で言うところの「板」に近いものです。

　これらのサーバが1つでも残っている限りは、「Fediverse」は永久的に存在し続ける形になります。「Mastodonがサービス終了」という表現や解釈は、間違いなのです。

＊

　各サーバによって、「雑談がメイン」「他のサーバを探す拠点」「絵描きのための集い」「ポケモンの話題を主にする場」「ボカロPが集う場」「艦これプレイヤーが集う場」「言論の自由を尊重したサーバ」など、個別に「テーマ」が設定されており、その上で利用規約が個別に定められ、独自の機能やユーザー文化を有しています。

　そして、ほとんどの場合、それぞれのサーバは、「ActivityPub」と呼ばれる技術を用いて、サーバ間で「フォロー」や「リプライ」など、相互にやり取りができる構造になっています。

　そのため、たとえばAというサーバにいながら、Bというサーバのユーザーとやり取りを行なうことができるわけです。

　また、サーバは専門知識を有した上で、各種の必要手続きを踏めば、誰でも開設できます。

　「分散型SNS」はデータのやり取りを行なうサーバがインターネット上に個別に存在します。

　つまり、万が一サーバが不調、または停止に陥った際には、他のサーバに移って引き続き他のユーザーとやり取りを続けることができるのです（他のサーバも

同じインターネットサーバを使っているなどの場合はこの限りではありません)。

そのため「サブ垢」の文化が存在するとともに、他のサーバへの引っ越し機能も標準的に備えられています。

＊

ところで、一部のメディアでは、「Mastodonでは本当にアカウントが凍結されないのか？」という見出しや、あるいは「本当に何を言ってもいいのか？」という疑問を抱いている新規ユーザーが見受けられます。

それぞれの問いにまとめて答えると、「MastodonないしFediverseでも、法に触れたり、利用規約に反したりするような言動はサーバ管理者などの目に止まればアカウントを凍結される可能性がある」という回答を返すのがいいでしょう。

「分散型SNS」は確かにTwitterより居心地は良いですが、だからといって無法地帯ではありません。これだけは最低限知ってください。

1-3 「Mastodon」と「Misskey」

「分散型SNS」(Fediverse)はさまざまな形態や機能を備えたサーバが集まっていると説明しました。

このサーバは「分散型SNS」用のソフトウェアを使っており、そのソフトウェアの一つが「Mastodon」です。

Wikipediaには以下のように記されています。

> マストドン (Mastodon) はミニブログサービスを提供するためのフリーソフトウェア、または
> これが提供する連合型のソーシャルネットワークサービスである。開発者はドイツのオイゲン・
> ロホコ[3] (Eugen Rochko)。

「Mastodon」の主な機能は後述しますが、繰り返し記しているように、サーバ間で「ActivityPub」が導入されていれば、「Mastodon」以外のソフトウェアでも相互にやり取りできます。

その具体例が「Misskey」というソフトウェアです。

これは純国産(日本製)のSNSで、しゅいろ氏によって開発された「分散型SNSソフトウェア」です。

ユーザーインターフェイスが「Mastodon」とは大きく異なるほか、投稿への絵文字リアクション機能が実装されているなど、「Mastodon」とは意匠や機能、また設計思想を違えています。

しかし、前述の通り、「ActivityPub」と呼ばれるシステムで「Mastodon」と接続しているため、相互のやり取りが可能です。

1-4　　　「分散型SNS」の問題点

「分散型SNS」には当然いくつかの問題点も存在します。

①多数のユーザーに迷惑行為を継続的に行なうユーザーなど、問題のあるユーザーを完全排除することができない。

（アカウントが凍結されても、逃げて別のサーバで迷惑行為を行なってしまう恐れがある）

②収益化が難しく、利益が皆無に等しい。

③「Twitter」などの既存Webサービスと比べて人口が少ない。

＊

現状では以上の問題点があります。

①は、「Twitter」などの「集約型SNS」であれば、IPアドレスごと登録できないようにしてしまえば対処できますが、分散型の場合はそうもいきません。

また、②においては、「pawoo.net」など一部のサーバでは広告を挿入して一定の収入を得ている模様ですが、基本的には収益化は困難と言ってよく、ユーザーからの寄付や公式グッズ販売などの手段で賄うしかない現状があります。

「分散型SNS」の運営は現状ほぼボランティアといっても過言ではないでしょう。

③に関しては、必然と言うしかありません。

社会的にはまだまだ「SNS≒Twitter」であり、多くの情報を得たり不特定多数に発信したりするには、人が多い場所を選ぶのが当然の流れでしょう。

1-5 「Mastodon」の使い方

前置きがかなり長くなってしまい恐縮ですが、ここで新規ユーザーが必ず抱く、「Mastodonってどうやって使えばいいんだろう」という疑問に触れることにします。

＊

筆者が主に使っているMastodonサーバは2つあり、1つは「Fedibird」というサーバで、のえる氏によって運営されています。

「Mastodon」でありながら、「Misskey」で使われている絵文字リアクションを実装し、「トゥート」(投稿)の引用機能や文字サイズの変更機能を有するなど、かなり多機能な汎用サーバになっているのが大きな特徴です。

本章の執筆時点では約3000アカウントが登録されています。

＊

もう1つは「pawoo」というサーバで、冒頭で示した通り本来はイラストレーター向けのサーバです。画像が頻繁にアップロードされるため、サーバの容量に余裕があるのが特徴です。

こちらはサブアカウントとして使っており、「Fedibird」に異常が生じた際などに使用しています。

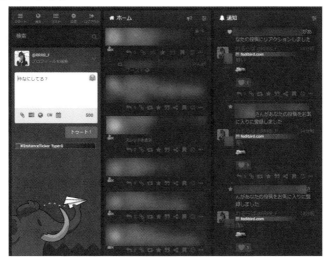

設定画面から「上級者向けUI」を有効にすると、画像のように「タイムライン」と「通知欄」を
並べて見ることが可能だ。無効にした際はどれか1つのみの表示になる。
（自分以外のアカウントにはモザイクをかけている）

「Mastodon」には独自の機能が多数実装されています。

ここでは「公開範囲」「閲覧注意設定」「CW機能」「タイムライン」の4つを紹介します。

*

まず紹介するのは、「**公開範囲**」の機能です。

投稿画面の下部

基本的に「Mastodon」では投稿のことを「トゥート」と呼び、1トゥートにつき500文字まで(サーバによってはこの限りではない)入力することができます。

この「トゥート」をタイムラインに流す際の設定を細かく変更できるのです。

*

投稿欄の下部にいくつかボタンがありますが、このうち地球のマークが「公開範囲」の変更ボタンです。

以下に「Mastodon」における「公開範囲」の設定の一覧を示します。

公開(地球マーク)

「ローカル・タイムライン」および「連合タイムライン」(後述)に自分のトゥートを流す。

「Twitter」で言うところのリツイートである「**ブースト**」が可能。

ハッシュタグ検索はこの「公開トゥート」のみ表示する。

未収載(鍵が開いた南京錠)

「ローカル・タイムライン」にも「連合タイムライン」にも自分のトゥートを流さないが、「ブースト」は可能。

フォロワー限定（鍵が掛かった南京錠）
「連合タイムライン」に流さず、「ブースト」も不可能。
「Twitter」で言う「鍵垢」状態。

ダイレクト（手紙のマーク）
「ダイレクトメッセージ」（DM）を送る際には、相手のIDを入力した上でこの設定。

「Fedibird」など、独自機能をもったサーバにおいてはこれら以外にも「公開範囲」が実装されています。

*

次に、「**閲覧注意設定**」を紹介します。
画像を添付した際にこのようなダイアログが出現します。

「閲覧注意設定」のダイアログ

これにチェックを入れた状態でトゥートすると、画像にモザイクがかかった状態で「閲覧注意」と表示されて投稿され、画像を一度クリックもしくはタップしないと表示されないようにできます。

*

「**CW機能**」は、言わば「ネタバレ防止機能」です。
投稿欄の「CW」を押すと**次**の表示になります。

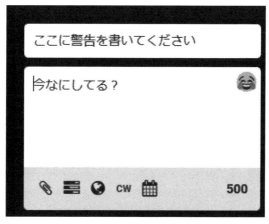

ネタバレなどを防止する「CW機能」

　上部の欄に注意喚起文を表示し、本文はデフォルトでは隠された状態で投稿される機能です。アニメや映画のネタバレを防ぐためなどに使うのがいいでしょう。

　また、この状態で画像を添付すると自動的に「閲覧注意」がかかります。

＊

　「Mastodon」には3種類の「タイムライン」(TL) があります。(1) 連合タイムラインと(2)ローカル・タイムライン、(3)ホームタイムラインの3つです。

　「**連合タイムライン**」は、「Fediverse」上のサーバに投稿されたすべての公開トゥートが流れてくるため、タイムラインが流れる速度がとても速いです。
　「Fediverse全体での投稿が流れてくる」と解釈するのがいいでしょう。

　「**ローカル・タイムライン**」は、自分が所属するサーバで投稿された公開トゥートが流れます。
　活発に投稿が行なわれていれば、流れが速くなります。

　また、「連合タイムライン」と「ローカル・タイムライン」は、誰もフォローしていなくても投稿が流れてくるようになっています。

　「ホームタイムライン」は、自分がフォローしたアカウントの投稿が流れてくるタイムラインです。

　一般的なSNSのタイムラインとほぼ同機能といっていいでしょう。

　なお、筆者が使っている「Fedibird」では「ローカル・タイムライン」を無効化しており、「連合タイムライン」と「ホームタイムライン」のみ表示が可能となっています。

　このほか、「カスタム絵文字」と呼ばれるサーバ独自の絵文字が実装されており、サーバによってはこれで絵文字リアクションを行なえます。

　以上が「Mastodon」特有の独自機能ですが、これらはサーバによって仕様が異なる場合があるので、注意してください。

＊

　では、これらの機能を前にして、新規ユーザーはどのように使うのがよいのでしょうか。

　投げやりな回答になりますが、それは「**ユーザーの自由**」です。

　サブ垢感覚で「Twitter」と同じ使い方をするもよし、Instagram的に画像を上げまくるもよし、「ローカル・タイムライン」をチャット代わりに使うもよしです。

　「誰をフォローしたらいいか分からない」というような悩みも、「ローカル・タイムライン」があるサーバでなら「ローカル・タイムライン」を開いておけば自然に投稿は流れてきます。

　「Fediverse」の住民は、「初めての投稿です」という発言をするアカウントを見つけたらすぐに「新規だ！」と反応するくらいには新参に寛容で敏感です。

　この章を読んでも分からないことがあれば、他のユーザーに聞いてみるのも手です。

　肩の力を抜き、自由に発言するのが吉でしょう。

＊

　本章は、あくまでも「分散型SNS」への理解者を少しでも増やすきっかけとして記したものです。

　故に、「今すぐツイッターやフェイスブックをやめて、Mastodonやミスキーを始めろ」という趣旨ではないということを明言しておきます。

　この文章が「Fediverse」の住民への誤解を招かないためのテキストとなることを、切に祈るばかりです。

第2章

「Mastodon」についての留意点

■れるらば

> 「Mastodon(マストドン)」および「分散型SNS」については、前章で理解できたことと思います。
> 　本章では、「Mastodon」を使うにあたって、気に留めておくべきことを見ていきましょう。

URL	https://note.com/rrrb_n/n/nd392003fb34d
記事名	イーロン・マスクによるTwitter買収をきっかけに、分散型SNS「マストドン(Mastodon)」を始めた、もしくは始めたい人に読んで欲しい記事

2-1　急増した「Mastodon」の利用者

　2022年10月27日、「米テスラ社」や「Space X」のCEOであるイーロン・マスク氏が、「Twitter社」を440億ドルで買収しました。

　氏は、この買収を「言論の自由の推進」や「スパムの撃退」が目的であるとしています。

　"イーロン・マスク政権"に移った「Twitter」からの「脱出」を目的として、すでに多くのユーザーが「分散型SNS」である「Mastodon」への移行を始め、「Mastodon」の利用者数を報告するbotアカウントでは、1時間に500人～1000人程度の新規ユーザーの登録があったと報告されています。

＊

　ですが、何の気なしにイーロン・マスクを忌避して「Mastodon」を始めても、右も左も分からないユーザーも多いことでしょう。

　そこで本稿では、「Mastodonを始めた」、もしくは「始めたい」ユーザーを対象として、「Mastodon」に関するいくつかの留意点を記すことにします。

2-2 「ローカル・タイムライン」「連合タイムライン」と上手く付き合おう

　「Mastodon」には、登録したサーバと接続されている他のサーバの「公開トゥート」や「投稿」がほぼすべて表示される「**連合タイムライン**」が実装されています(アプリによっては「コミュニティ」)。

　また、一部のサーバを除き、サーバに登録したユーザーの「公開トゥート」がほぼすべて表示される「**ローカル・タイムライン**」(LTL)も実装されています(これもアプリによっては「コミュニティ」)。

　「LTL」や「連合TL」は、言うなれば「渋谷ハチ公前」のような「カオスさ」「多様さ」が存在し、サーバによっては、「LTL」をチャットツール代わりに使用する文化もあります。

＊

　これらのTLはフォローしなくても他のユーザーの投稿が流れてくる仕組みになっており、(a)フォローして「**ホームタイムライン**」(HTL)に表示するユーザーを探す、(b)チャットツール代わりに使う——など、さまざまな使い道が存在します。

　しかし、その性質上、心無いユーザーによる「荒らし」や、特段に卑猥な内容の投稿も同時に流れてくることがあります。

　幸いにも「Mastodon」には「Twitter」と同等の「ミュート機能」や「ブロック機能」、また「特定ワード」が含まれた投稿を非表示にする「ワードミュート」などの機能が実装されています。
　これらを利用して、自衛に努める必要があることを留意しておきましょう。

2-3 「公開範囲」を使い分けよう

「Mastodon」の独自の機能として、

①「公開」

②「未収載」（公式アプリにはナシ）

③「非公開」

④「ダイレクト」

の4つの「公開範囲」が実装されています。

＊

詳しい説明は省きますが、「公開範囲」を「公開」に設定して投稿すると、ほぼ全世界に向けて投稿される形となり、「ローカル・タイムライン」や「連合タイムライン」などを閲覧している他のユーザーから、突然「お気に入り登録」や「ブースト」をされたり、「リプライ」を送られたりする可能性が生じます。

要するに、誰もフォローしていないにも拘わらず、自分の投稿にリアクションが来ることがあるのです。

この仕様を知らずに困惑する新規ユーザーは多く、小競り合いになることも少なくありません。

まったくの赤の他人からリアクションされることが苦手なユーザーは、プロフィール設定からアカウントを承認制にした上で、公開範囲を「非公開」もしくは「未収載」に設定して投稿するとよいでしょう。

また、設定画面からは、「デフォルトでの公開範囲」を設定することも可能です。

2-4   中小規模サーバに興味をもとう

　新規ユーザーが「Mastodonに登録した」と言ってとりあえずやって来るサーバは、たいてい、「Mastodon日本サーバ」を名乗る「**mstdn.jp**」という大規模なサーバです。

　サーバの様子を見て、「つまらない」「人がいない」と言い、「Mastodon」に定住せず、「Twitter」に戻る新規ユーザーも多いです。

＊

　よく勘違いされるのですが、「mstdn.jp」には「Mastodon」のすべてのユーザーが集っているわけではありません。それは「Mastodon」の構造を理解していないも同然です。

＊

　そもそも「Mastodon」ないし「分散型SNS」の基本構造は、前章でも述べたとおり、

大小さまざまなSNSが独自の文化や機能を携え、運営者や規約などが個別に存在し、相互に接続されている形態

です。

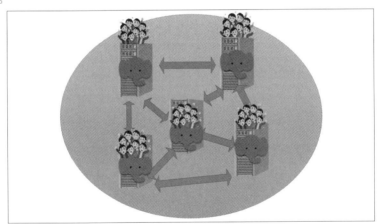

「Mastodon」の基本構造を示した図

　この図のように、「mstdn.jp」以外にも大小さまざまなサーバが存在し、それぞれのサーバにユーザーが「在住」しているのが「Mastodon」ないし「分散型SNS」の基本構造であるため、「mstdn.jp」が「Mastodon」のすべてだというような認識は、根本的な誤りです。

*

　ですが、右も左も分からない状態から、他のサーバを探して登録するのも難しいでしょう。

　「Mastodon」の黎明期には、主なMastodonサーバのリストが公開されていたが、現在はほとんどなくなっているのが現状です。

*

　私からの提案としては、「とりあえずmstdn.jpに登録した後、しばらくしてから興味のあるサーバを見つけ、そこに『移住』する」方法がよいでしょう。

　「Mastodon」には、「アカウントの引っ越し機能」や「フォローアカウントリストのインポート/エクスポート機能」など、アカウントの移行を簡単に行なえる機能がいくつか実装されています。

　「サーバの異常時」や「気分転換」などに使う、いわゆる「サブアカウント」の文化も健在です。

　「mstdn.jp」にこだわることなく、他のサーバにも興味や関心をもってアカウントを作ることが、「分散型SNS」の本領と言えるでしょう。

2-5 「Mastodon」でもできないことはある

「Mastodon」は Twitter ライクな SNS です。

「Twitter」での「リツイート」にあたる「ブースト」や、「いいね」にあたる「お気に入り」など、「Twitter」とよく似た作りであることは特徴の1つです。

＊

ですが、「Mastodon」だからと言ってすべてが Twitter の上位互換というわけではありません。

たとえば、最近新たにアカウントを作ったユーザーから、アカウントのアイコンの設定が難しいという意見が散見されました。

本家 Twitter などの大手 SNS では適当な画像を送信すると、自動的にトリミング画面に推移し、トリミングした画像がそのままアカウントのアイコンとして設定されます。

しかし、「Mastodon」ではそういった機能がないため、あらかじめ別のアプリなどでアイコンサイズにトリミングした画像を用意する必要があります（ただし、「分散型 SNS」の一つである「Misskey」にはアイコン画像のトリミング機能が実装されています）。

アカウントに設定される、「@」から始まる「ユーザー名」も、「Twitter」は後から変更することが可能なのに対し、「Mastodon」では一度設定すると二度と変えられない仕様になっています。

それどころか、一度そのサーバで使われたユーザーネームは他のユーザーを含め、二度と使うことができません。

したがって、Mastodon にアカウントを作る際には、ユーザーネームをよく考えてから作ることを推奨します。

＊

この他、投稿やユーザーの検索にクセがある、一部のサーバを除き引用機能がないなど、設計上の仕様もいくつかあります。

「Mastodon」特有の"作り"や"クセ"を理解した上で利用することが望ましいでしょう。

第**3**章

「Mastodon」のお勧めサーバ5選

■れるらば

本章では、「Mastodon」のサーバの中から、
筆者のお勧めサーバを紹介します。

URL	https://note.com/rrrb_n/n/nccae78907de6
記事名	マストドン(Mastodon)でサーバー選びに困っている人に向けた5つのおすすめサーバー

3-1 　　　サーバ選びの重要性

　イーロン・マスクが「Twitter」を買収して以来、「分散型SNS」である「Mastodon」には毎日多くの新規ユーザーが登録するようになりました。

　Mastodonサーバの一つである「fedibird.com」には、一週間に1800人もの新規ユーザーの登録があったと、サーバ管理者の「のえる」氏からアナウンスがありました。

　先行きの見えない「Twitter」に代わる新天地や新たな活動の場など、あらゆる形で「Mastodon」を検討している人々の中には、「Mastodon」の特徴の1つである「サーバ」(インスタンス)の概念は理解したものの、「どこのサーバがいいか分からない」という人も少なくありません。

　あるいは、アプリストアから「Mastodon公式アプリ」をインストールし、よく分からないままサーバを選ばされたユーザーの中にも、「もっと他にいいサーバはないのだろうか」という考えをもったユーザーも多いことでしょう。

＊

　検索エンジンで、「Mastodon お勧めサーバ」と検索をかけると、さまざまなサーバの名前やアドレスをまとめた記事がヒットします。

　だが、それらは決して最新情報ではなく、何年も前の古い情報であることが珍しくありません。

　「Mastodon」のサーバは、個人か法人かを問わず、技術があれば誰でも開設可能です。

　ですが逆に、サーバの維持は安易なものではなく、特に収益化が難しいことなど、さまざまな理由から、サーバが閉鎖されることも珍しくありません。

　お勧めサーバのリストを作っても、情報がすぐに古くなってしまい、おまけにその情報は古いまま更新されないという有り様です。

＊

　また、「Mastodon公式アプリ」を入れて新規にアカウントを作る際には、アカウント作成先の候補となるサーバがリストアップされるのですが、たいていは「fedibird.com」「mstdn.jp」など、登録者数が多く、比較的規模の大きいサーバです。

「Mastodon for Android」アプリでのサーバ選択画面。

　ちなみに、このサーバリストは、「joinmastodon」というサイトで、一定の条件を満たした上で登録申請したサーバのみが掲載されています。

　そのため、イラストレーターが多く登録している「pawoo.net」や、かつてドワンゴが運営していた「friends.nico」の後継サーバ「best-friends.chat」などのサーバは、検索欄に「ドメイン名」をフルネームで入力しないと表示されません。

＊

　アカウント作成先のサーバを選ぶ理由として、「人が多い」というのは確かに充分な理由ですが、これは必ずしも好印象を生むとは限りません。

　何故なら「Mastodon」には「fedibird」など一部のサーバを除き、「ローカル・タイムライン」（LTL、公式アプリではコミュニティ）というタイムラインが実装されており、人が多ければ多いほど、その内容は特段カオスな内容になるからです。

　自分でフォローしたユーザーの投稿が流れてくる「ホームタイムライン」（HTL）とは異なり、「LTL」にはサーバに所属するユーザーの投稿がほぼすべて（厳密には非公開アカウントなど流れない投稿もある）流れてくる作りになっています。

　そしてサーバが活況であればあるほど、アクティブユーザーの数が多いほどこのタイムラインは速く流れます。

＊

　公式アプリで選択肢の一つとして挙がり、登録者数の多い「mstdn.jp」というサーバは、「日本サーバ」を名乗っています。

　そのため、なんらかの公式サーバと勘違いした新規ユーザーがやってきて、カオスな「LTL」の様子に困惑し、「LTLの居心地が悪い」「自分には合わない」などの理由でアカウントを削除してしまう例も見られました。

（しかもたいてい、「Mastodonは居心地が悪い」と、そのサーバではなく、Mastodon全体の評価を下げるようなレビューで退散する）

　つまり、よく分からないままアプリストアから「Mastodonアプリ」をインストールし、よく分からないまま「mstdn.jp」を選んでアカウントを作ってしまうと、よく分からないまま**どうしようもなくカオスなタイムラインに放り出される**ことになるのです。

＊

　これから「Mastodon」を始めるユーザーにとっては、選択するサーバの第一

印象は良いほうがいいでしょう。

しかし、登録したサーバの居心地が悪くては「Mastodon」を続けようと思えなくなってしまう可能性があります。

大規模なサーバでLTLの流れに身を投じるのではなく、こぢんまりと、のんびりとMastodonライフを過ごしたい人も居るはずです。

そこで**本章**では、比較的中小規模のサーバ、もしくは公式アプリなどで候補に挙がらないサーバの中から、5つ選んで紹介することにします。

3-2　2022年版「Mastodonお勧めサーバ」紹介

前置きが長くなったが本題に入ります。

＊

今回は、以下の内容でサーバ管理者に向けてサーバ紹介を募りました。

・サーバのドメイン名と通称（ある場合）
・サーバの規模
・サーバのテーマ、用途、雰囲気
・サーバ管理者からのメッセージ

今回は5つのサーバをご紹介させていただきます。

本章でのご紹介を承諾していただいた各サーバ管理者には、この場をお借りして感謝申し上げます。

■vocalodon.net（通称：ボカロ丼）

サーバ管理者：

　TOMOKI++氏

サーバの規模：

　ユーザー数3000人超、現在のアクティブは100〜200人程度、Pawooの翌日にオープンし、運用実績は5年半あります。

サーバのテーマ、用途、雰囲気：

ユーザターゲットはボカロ(をはじめとした音声合成文化全般)が好きな人です。

「トゥート」のテーマはこの限りではありません。アニメやIT技術の話題、飯テロ、書籍紹介などさまざまです。

政治の話題も禁止していません。

LTLでのチャットをメインとしており、リプライを付けずにトークを繰り広げています。

が、最近は他のインスタンス(サーバ)の方とのやり取りもそこそこ活発です。

インスタンス主催のオフ会を開催することはほとんどないのですが、単発的に連絡を取り合って集まったり、ボカロイベントなどをきっかけに偶然オフで会うことがたまによくあるので、お互い面識がある人も増えつつあります。

管理者からのメッセージ：

定期的にオリジナルのボカロコンピレーションCDをリリースし、その売上をサーバ代に回すことで運営しています。

今となっては古参インスタンスとなってしまいましたが、よろしくお願いします。

■vandrare.page(読み：ヴァンダレー/通称：放浪鯖)

サーバ管理者：

Sumögåsbord (すうもがすぼーど)氏

サーバの規模：

ユーザー数4(お知らせ用のアカウントを除いた数)

サーバのテーマ、用途、雰囲気：

旅好きな人向け。

旅行の様子を書いてもいいし、旅とは関係ないことを投稿してもOK!

(喧嘩をしたり法律に触れるようなことをしなければ大丈夫!)

管理者からのメッセージ：

興味がある人はアカウント作るだけでもやってみませんか？

■matitodon.com（通称：まちトドン）

サーバ管理者：にしし氏

サーバの規模：

誕生日は2017年4月29日。

「Mastodon」のサーバとしては歴史が長いです。

ユーザー数は331。

そのうち、アクティブなアカウントは約50。頻繁にトゥートしている人は約20。

サーバのテーマ、用途、雰囲気：

テーマは地理や交通。鉄道などの乗り物が好きなユーザーが多いです。

話題はなんでも可。チャットというよりは、それぞれが好き勝手に書き込んでいるような雰囲気です。

古き良きインターネットの和やかさを目指しています。

管理者からのメッセージ：

小規模な「Mastodonサーバ」は、管理人の色がどうしても出やすいので、人を選ぶ面は間違いなくあります。合う/合わないはしょうがない。

いろいろなところにアカウントを作ってみたり、ミュートやブロック機能をためらわずに使うことが、快適な「Mastodon」ライフへの近道です。

マターリやっていきましょう。

■pokemon.mastportal.info(通称：ポケマス)

サーバ管理者：

高橋夏希(Natsuki)氏

サーバの規模：

登録者数800人弱(アクティブ約135人ほど)

サーバのテーマ、用途、雰囲気：

ポケモンが好きな人たちが集うサーバです。

ポケモン関連の話題はもちろん、それ以外のゲーム(最近ではスプラトゥーン、モンスターハンター)や日常会話など特に制限はありません。

「ピカチュウしか分かんないけど可愛いよね」から「マスターボール級のお通りだぞ、道開けろオラァ」まで、ポケモン好きなら誰でも歓迎。

ポケモンに関する絵文字が多数登録されています。
ポケモンの対戦会やオフ会も突発的に行なわれています。

管理者からのメッセージ：

ポケモン好きなら自由にご使用いただけます。
話題の制限もないため使いやすいと思います。

■kirishima.cloud(通称：アスタルテ)

サーバ管理者：

霧島ひなた氏

サーバの規模：

登録ユーザー数 400人弱。
アクティブユーザー数40〜60人。

サーバのテーマ、用途、雰囲気：

テーマはなし。

用途は、「使ってる本人が考えろ」系丸投げ（ただしスパムはダメよ）。

雰囲気は、鎖国的、閉鎖的、ローカルや連合より非公開、未収載やローカル限定の投稿が80%以上。

管理者からのメッセージ：

新規登録は"諦めろください"。（新規登録メールが届かないことがほとんど）まぁ、内輪で仲良く話したい人にはお勧めかもしれません…？[※]

> ※筆者註：新規登録自体は受け付けているそうです。

---

*

今回ここでご紹介させていただいたサーバはごくごく一部のサーバで、この他にも「Mastodon」ないし「Fediverse」には無数のサーバが存在します。

「joinmastodon」に登録されているサーバや、「mstdn.jp」や「fedibird.com」以外にも、「Mastodonサーバ」には多数の選択肢があることを知っていただければ幸いです。

一度「mstdn.jp」や「fedibird.com」などにアカウントを作った後でも、他のサーバにアカウントを作ることはできます。

フォローしているユーザーのインポートなどの引っ越し機能も備わっています。

そして、せっかく作ったアカウントもサーバ不調時のサブ垢としても使えるため、（サーバ負荷の観点からも）むやみにアカウントを削除せず、そのままにしておくのがいいでしょう。

何の説明もないため大変分かりづらいが、公式アプリからアカウントを切り替える際は、
右下のアイコンを長押しするとこのようになる

*

　本稿は、「巷にある『Mastodon』のお勧めサーバの紹介記事が古い」と問題視
していたユーザーを見かけたことをきっかけに、また「mstdn.jp」などの大規
模サーバ以外のサーバの選択肢を提示し、更なる分散を今後の新規ユーザーに
促すべく執筆したものです。

　本稿がよいMastodonライフを送るための記事になることを、切に願う次第
です。

第2部

「Mastodon」の操作方法

「Mastdon」の操作方法は、「Twitter」と非常によく似ています。

しかし、微妙に異なる部分があるため、「Twitter」などの他のSNSに慣れ親しんでいるユーザーにとっては、逆に分かりにくいと感じることもしばしばです。

無用な混乱を防ぐため、「Mastdonの操作方法」についてしっかり理解しておきましょう。

第**4**章

投稿の仕方

本章では、「Mastodon」での投稿(「トゥート」という)周りの操作方法について解説しています。

※投稿の「公開範囲」の設定については、1章5節をご参照ください。

4-1 「トゥート」(投稿)を削除する方法

筆　者	筑波遼
サイト名	かんたんブログ
URL	https://kanntann.com/mastodon-delete-toot
記事名	【Mastodon(マストドン)】トゥート(投稿)を削除する方法

「Mastodon(マストドン)」で「トゥート」(投稿)の文章を間違えてしまったときには、「トゥート」(投稿)を削除する機能を使うと便利です。

「Mastodon」には、すでにトゥートした「文章」「画像」「動画」を削除する機能が付いていて、使い方はとても簡単です。

*

この節では、「Mastodon」で「トゥート」を削除するやり方を解説します。

■「トゥート」(投稿)した文章を削除する方法

まずは「Mastodon」で文章をトゥートしてみます。

投稿欄に「適当にトゥートしてみる」と入力して、トゥートします。

「トゥート！」を押して投稿する

　「適当にトゥートしてみる」と入力した内容が、タイムラインに反映されました。

投稿がタイムラインに反映される

　この「トゥート」を削除してみます。

＊

削除したい「トゥート」の下に表示されている「・・・」をクリック。

「・・・」をクリック

「・・・」をクリックすると、吹き出しが表示されて、「削除」を選択できるよう
になります。

ここでは、「削除」をクリックします。

「削除」をクリック

すると、「トゥート」が削除されました。

「トゥート」が削除された

とても簡単ですね。

■「トゥート」した画像を削除する方法

「Mastodon」では、「文章」と同じように、「画像」や「動画」などのメディアもトゥートできます。

また、トゥートした「画像」や「動画」などのメディアも削除できます。
やり方も、トゥートした文章の削除方法と同じです。

試しに「ゾウの画像」をトゥートして、削除してみます。

*

トゥートした「ゾウの画像」の下に表示されている「・・・」をクリックします。

「・・・」をクリック

吹き出しが表示されるので、「削除」をクリックします。

「削除」をクリック

トゥートした「ゾウの画像」が削除されました。

削除が完了した

■削除した「トゥート」は復元できる？

「文章」「画像」「動画」を問わず、一度削除してしまった「トゥート」は復元できません。

「文章」なら入力し直せますが、パソコンやスマホですでに削除してしまった「画像」や「動画」などは、再度投稿できないので、注意してください。

■「他のユーザー」の「トゥート」も削除できる？

「他のユーザー」の「トゥート」は、削除できません。

一応、「他のユーザー」の「トゥート」の下にも、「…」が表示されていますが、次図の通り、「…」をクリックしても、吹き出しに「削除」の項目は見つかりません。

（ちょっと分かりづらいかもしれませんが、ここでは他のユーザーとして、自分で作った「friends.nico」のアカウントを使っています）

「他のユーザー」の「トゥート」では、「削除」の項目が出ない

　吹き出しを見ると、「ミュート」(非表示)の機能がありますが、これはトゥートした内容だけでなく、**トゥートしたアカウントごと非表示にしてしまう**ので注意してください。

4-2 「ブースト」の使い方

筆　者	筑波遼
サイト名	かんたんブログ
URL	https://kanntann.com/mastodon-boost
記事名	【Mastodon（マストドン）】ブーストの使い方

ここでは、「ブースト機能」の使い方について解説します。

■「ブースト」とは？

「Mastodon」の「ブースト機能」とは、簡単に言えば、「再投稿」のことです。

他のユーザーの「トゥート」をブーストすると、同じ内容を再投稿します。
他のユーザーの投稿を見て、その投稿を自分のフォロワーの人たちに知ってもらいたい場合に、便利な機能です。

「Twitter」の「リツイート」と使い方は一緒で、投稿内容を拡散するのに使われます。
「ブースト」は英語で、「押し上げる」「後押しする」という意味なので、投稿を拡散するという意味では、「ブーストのほうがしっくりきますね。

■「ローカル・タイムライン」や「連合タイムライン」の投稿もブーストできる？

できます。

同じサーバの「ローカル・タイムライン」のユーザーはもちろん、「連合タイムライン」に表示されている他のインスタンスのユーザーの投稿も、ブーストできます。

＊

フォローしていないユーザーの投稿でも、ブーストすることは可能です。

普通のSNSだと、フォローするか、ユーザーを検索しないと投稿を見ることができませんが、「Mastodon」だと「ローカル・タイムライン」や「連合タイムライン」から、知らないユーザーの面白そうな投稿を気軽にブーストすること

ができます。

　「Mastodon」が他のSNSよりも「つながりやすい」というか、「敷居が低い」感じがするのは、このあたりの気軽さが原因かもしれません。

■間違えて「ブースト」をしてしまったら、取り消すことはできる？

　できます。
　間違えてブーストしてしまった場合、ブーストしたこと自体を取り消すことが可能です。

　「ブースト」のやり方と「取り消し方」については、後述しますが、どちらもワンクリックで簡単にできます。

■「ブースト機能」の使い方

　各サーバによって、投稿の下に表示されるアイコンが若干異なるので、注意してください。

　手　順　ブーストする

[1] ブーストしたい投稿を確認して、投稿の下に表示されてる「矢印アイコン」をクリックします。

「矢印アイコン」をクリック

[2] ブーストされると、「矢印アイコン」の色が「灰色」から「青色」に変化するはずです。

「青色」に変化すれば、「ブースト完了」です。

「アイコンの色」が「灰色」から「青色」に変われば、完了

念のため、自分のアイコンをクリックして、画面右側に自分の「ユーザー情報」を表示してみましょう。

「ユーザー情報」の下には、「投稿一覧」と一緒に「ブーストした投稿」が表示されます。

「投稿一覧」に「ブーストした投稿」が表示されている

＊

「Mastodon」では、ブーストしても、自分のタイムラインや通知欄には何も表示されません。

「ブーストした投稿」の下の「矢印アイコン」の色が変化するだけです。

＊

「ブーストした投稿」を確認するには、自分の「ユーザー情報」の「投稿一覧」を確認する必要があるので、注意してください。

■「ブースト」を削除する方法

「ブースト」を削除することもできます。

手 順　「ブースト」を削除する

[1] 「ブースト」を削除したい投稿を確認してください。

[2] ブーストした投稿の下にある、青色に変わった「矢印アイコン」をクリックします。

ブーストした投稿の「矢印アイコン」をクリック

[3] すると、「矢印アイコン」の色が元に戻ります。
　これで「ブースト」の取り消しが完了です。

「矢印アイコン」の色が「灰色」に戻る

　自分の「ユーザー情報」の下の「投稿一覧」を確認すると、「ブーストした投稿」が削除されていることが確認できます。

「ブーストした投稿」が削除されている

4-3　「お気に入り機能」の使い方

筆　者	筑波遼
サイト名	かんたんブログ
URL	https://kanntann.com/mastodon-favorite
記事名	【Mastodon（マストドン）】お気に入り機能の使い方

　この節では、「Mastodon」の「お気に入り機能」の使い方について解説します。

■「お気に入り機能」とは？

　「Mastodon」では、自分や他のユーザーの投稿を「お気に入り登録」することが可能です。

　気に入った投稿を「お気に入り登録」しておくと、後からまとめて見ることができます。

■「ローカル・タイムライン」や「連合タイムライン」に流れる投稿も、「お気に入り登録」できる？

　できます。

　「ローカル・タイムライン」や「連合タイムライン」に流れる投稿も、「お気に

入り登録」できます。

　特にフォローしていなくても、気に入った投稿があれば、気軽に「お気に入り登録」することが可能です。

＊

　「Mastodon」では、「ローカル・タイムライン」や「連合タイムライン」から気軽に「お気に入り登録」してくれるユーザーが多く、これが元でフォローしたり、フォローされたりするパターンも多いです。

　「Mastodon」を始めたばかりで、フォローするユーザーやフォローしてくれるユーザーを増やしたい人は、「ローカル・タイムライン」や「連合タイムライン」の流れる投稿で、気に入ったものを積極的に「お気に入り登録」することをお勧めします。

　「Mastodon」は敷居が低いというか、緩い感じのSNSなので、知らないユーザー同士であっても気楽に「お気に入り登録」して大丈夫です。

■「お気に入り登録」したことは相手に通知される？

　されます。

　あなたが気に入った投稿を「お気に入り登録」すると、相手ユーザーの通知欄に「お気に入り登録」されたことが通知されます。

　逆に、あなたの投稿が他のユーザーから「お気に入り登録」されると、自分の「通知欄」に「お気に入り登録」された通知が表示されます。

■「お気に入り機能」って、どういう風に使えばいい？

　「お気に入り機能」の使い方は、人それぞれです。

　文字通り、気に入った投稿を「お気に入り登録」するのもいいですし、「お気に入り登録」した投稿はまとめて見ることができるので、投稿をコレクションすることもできます。

　「笑える投稿」を集めてみたり、「ためになる投稿」を集めてみたりするのもいいでしょう。

■「お気に入り機能」の使い方

手 順 「トゥート」を「お気に入り登録」する

[1] まずは、「お気に入り登録」したい投稿の下に表示されている「星」のアイコンを確認します。

[2] 今回は「お気に入り機能のテスト」と書いた投稿を「お気に入り登録」してみましょう。

　投稿の下の「星」のアイコンをクリックします。

「星」のアイコンを確認

[3]「お気に入り登録」されると、「星」のアイコンの色が「灰色」から「黄色」に変化します。

「星」のアイコンが「灰色」から「黄色」に変わる

*

　過去に「お気に入り登録」した投稿は、画面右側の[お気に入り]の項目をクリックすると、確認することができます。

「お気に入り登録」した投稿は [お気に入り] から確認できる

[お気に入り] を開くと、「お気に入り登録」した投稿が表示されます。

「お気に入り登録」した投稿が表示される

■「お気に入り登録」を削除する方法

間違って「お気に入り登録」してしまった場合は、「お気に入り登録」したこと自体を取り消すことができます。

手 順	「お気に入り登録」を削除する

[1] 「お気に入り登録」を削除したい投稿の下の「星」のアイコンを確認。

[2] 黄色の「星」のアイコンをクリックします。

「星」のアイコンをクリック

[3] すると、「お気に入り」から削除されました。

タイムラインの投稿の下に表示されている「星」のアイコンも、元の「灰色」
に変化しています。

「お気に入り登録」が削除される

これで、「お気に入り登録の取り消し」が完了です。

第5章

フォローの仕方

本章では、アカウントをフォローする際の操作について解説します。

「リモートフォロー」など「Mastodon」ならではの概念もあるので、目を通しておくといいでしょう。

5-1 「リモートフォロー」する方法

筆　者	筑波遼
サイト名	かんたんブログ
URL	https://kanntann.com/mastodon-remotefollow
記事名	【Mastodon（マストドン）】リモートフォローする方法

「Mastodon」では、違うサーバのユーザーでもフォローできるようになっています。

これを「リモートフォロー」と呼んでいます。

基本的に、他のサーバのユーザーの「トゥート」（投稿）は、「連合タイムライン」でしか見れませんが、「リモートフォロー」すれば、そのユーザーの「トゥート」を、自分のタイムラインで見れるようになります。

＊

この記事では、違うサーバのユーザーを「リモートフォロー」する方法について解説します。

■「リモートフォロー」とは？

「リモートフォロー」とは、「違うサーバのユーザーをフォローすること」です。

たとえば、「friends.nico」でアカウントを作ったとしても、「pawoo.net」のユーザーをフォローできます。

基本的に「Mastodon」では、どのサーバからアカウントを作っても、世界中の他のサーバのユーザーを「リモートフォロー」できます。

■「リモートフォロー」する方法

今回は「friends.nico」のアカウントから、「pawoo.net」のユーザーを「リモートフォロー」してみます（両方とも自分で作ったアカウントを利用しました）。

> ※「friends.nico」以外のサーバの場合も手順は同様です。

手　順　リモートフォロー

[1] まずは、「friends.nico」にアクセスします。

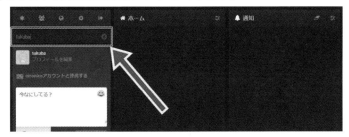

「friends.nico」にアクセス

[2] ホーム画面の左上にある検索窓に、「リモートフォロー」したいユーザー名を入力します。

検索窓にユーザー名を入力

　検索結果が表示されます。

　「tukuba」で検索してみましたが、「@tukuba」と「@tukuba@pawoo.net」の2件がヒットしました。

　どちらも自分で作ったアカウントですが、名前の後ろに「@pawoo.net」とついているアカウントが「pawoo.net」に作ったアカウントです。

　違うサーバのユーザーは、**「@ユーザー名@サーバ名」**と表示されるようになっています。

　簡単に、どこのサーバのユーザーなのかが分かるのは便利ですね。

[3]検索結果の中から、「リモートフォロー」したいユーザーの名前をクリックすると、右側にそのユーザーの情報が表示されます。

[4]ユーザー情報の左上にある「＋」のアイコンをクリックすると、そのユーザーを「リモートフォロー」できます。

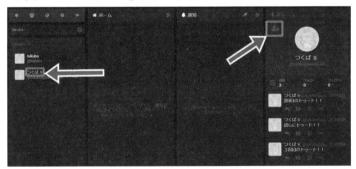

「＋」のアイコンをクリックする

「リモートフォロー」も、「やり方」さえ覚えてしまえば、簡単ですね。

■「リモートフォロー」を解除する方法

　「リモートフォロー」が完了すると、ユーザー情報の左上にある「＋」のアイコンが「×」のアイコンに変わります。

　この「×」のアイコンをクリックすると、「リモートフォロー」を解除できます。

「×」のアイコンをクリックすると、「リモートフォロー」を解除できる

　「ユーザー情報」は、「ユーザー名」をクリックすれば、画面の右側に表示されるようになっています。

「ユーザー名」をクリックすると「ユーザー情報」が表示される

　「ちょっと、この人の『リモートフォロー』は解除したいなあ…」という場合は、名前をクリックして、「ユーザー情報」を表示させてから、「×」アイコンをクリックしましょう。

＊

　一応、「連合タイムライン」からも「リモートフォロー」することが可能です。
　ユーザーの名前をクリックして、「＋」アイコンをクリックすれば、「リモートフォロー」可能です。

　しかし、「pawoo.net」などの「連合タイムライン」を見てみると、流れが速すぎて、ほとんど読めません。

　「『連合タイムライン』に面白い人がいたらリモートフォローしてみたい…」といったことは、かなり難しそうです。

5-2　「フォローリクエスト」を「許可する方法」と「拒否する方法」

筆　者	筑波遼
サイト名	かんたんブログ
URL	https://kanntann.com/mastodon-follow-request
記事名	【Mastodon（マストドン）】フォローリクエストを許可する方法と拒否する方法

　「Mastodon」のアカウントを「非公開」に設定すると、他のユーザーから「**フォローリクエスト**」があった場合、手動で許可するか、拒否することができるようになります。

　本節では、「非公開アカウント」で「フォローリクエスト」を受けた際に、「許可する方法」と「拒否する方法」の具体的な手順について解説します。

　逆に、「非公開アカウント」に「フォローリクエスト」を申し込む手順については、**次節**を参考にしてください。

■「非公開アカウント」とは？

「Mastodon」では、アカウントを「非公開」に設定することができます。

*

アカウントを「非公開」に設定すると、基本的にフォロワー以外は、あなたの「トゥート」を見ることができなくなります。

また、あなたのフォロワーになるためには、「フォローリクエスト」を申請して、許可してもらう必要があります。

「Mastodon」の「非公開アカウント」の詳細については、**7章3節**を参考にしてください。

■「フォローリクエスト」とは？

「Mastodon」では、「非公開アカウント」は基本的にフォロワーしか投稿を見ることができません。

「非公開アカウント」のユーザーの投稿を見たい場合は、フォローを申し込まなければなりません。

このフォローを申し込む行為が、「フォローリクエスト」です。

アカウントを非公開に設定すると、「フォローリクエスト」の項目が追加されます。

「フォローリクエスト」があった場合は、その項目で確認することができるようになります。

■「フォローリクエスト」を確認する方法

「非公開アカウント」で、「フォローリクエスト」があるのかどうか確認するには、「フォローリクエスト」の項目をクリックします。

「ホーム」から「フォローリクエスト」の項目をクリック

「フォローリクエストがある場合」は、**次の画像のように表示されます。**

「フォローリクエスト」の表示のされ方

■「フォローリクエスト」が消えてしまった場合は?

「フォローリクエスト」を確認した後に、許可もしくは拒否する前に「フォローリクエスト」が消えてしまった場合は、その**リクエストがキャンセル**されたことを意味します。

「『Mastodon』では知り合いのみでつながりたいので、フォロワーをこれ以上増やしたくない!」という場合は別ですが、「非公開アカウント」に設定した場合は、ある程度「フォローリクエスト」の項目をチェックしたほうがいいでしょう。
せっかく「フォローリクエスト」を申し込んでくれたユーザーがいても、長期間放置されると、さすがにいい気分はしません。

■「フォローリクエスト」を「許可する方法」と「拒否する方法」

手　順	「フォローリクエスト」を許可する

[1]「フォローリクエスト」を許可するには、「フォローリクエスト」の項目をクリックします。

[2]「フォローリクエスト」を申し込んでいるユーザーを確認します。

[3]左側の「レ点」をクリックすると、「フォローリクエスト」が許可されます。
　「レ点」をクリックすると、その時点でそのユーザーが「フォロワー」に加わります。

「フォローリクエスト」を許可するなら「レ点」をクリック

右側の「×」をクリックすると、「フォローリクエスト」を拒否します。

「フォローリクエスト」を拒否するなら、「×印」をクリック

「×」をクリックすると、拒否する作業は完了です。

5-3 「フォローリクエスト」を申し込む方法

筆　者	筑波遼
サイト名	かんたんブログ
URL	https://kanntann.com/mastodon-apply-for-a-follow-up-request
記事名	【Mastodon（マストドン）】フォローリクエストを申し込む方法

　「Mastodon」で非公開に設定している「アカウントの」フォロワーになるには、「フォローリクエスト」を申し込み、許可してもらう必要があります。

＊

　この記事では、「非公開アカウント」に「フォローリクエスト」を申し込む方法について解説します。

　自分で「非公開アカウント」に設定し、フォローリクエストを受ける側の手順については**前節**を参考にしてください。

■「フォローリクエスト」とは？

　「Mastodon」では、「非公開」に設定してあるアカウントの「トゥート」は、基本的に、フォロワーにしか見ることができません。

　「フォローリクエスト」とは、非公開に設定してあるアカウントに対して、フォロワーになりたいと申し込むことです。

　「フォローリクエスト」を申し込み、許可されると、その「非公開アカウント」のフォロワーになることができます。

■「フォローリクエスト」を申し込むとどうなる？

　アカウントを「非公開」に設定すると、「Mastodon」の画面に「フォローリクエスト」の項目が追加されます。
　あなたが「非公開アカウント」のユーザーに「フォローリクエスト」を申し込むと、その「フォローリクエスト」の項目にあなたのリクエストが表示されます。

　「非公開アカウント」のユーザーは、あなたの「ユーザー情報」や「投稿一覧」などを確認して、「リクエストを許可する」のか、「拒否する」のかを判断するわけです。

*

　注意したいのが、リアルの知り合いや友人のみで「Mastodon」を楽しんでいるユーザーもいるということです。

　「Mastodon」では、「非公開アカウント」であっても「フォローリクエスト」を申し込むだけなら誰でもできます。

　しかし、リアルの知り合いや友人以外とはつながりたくないと思っているユーザーにとっては、「フォローリクエスト」を申し込まれても迷惑なだけです。

　一度「フォローリクエスト」を申し込んで断られた場合は、余程のことがない限り、フォローすることは諦めましょう。

　何度もしつこく「フォローリクエスト」を申し込むと、「迷惑ユーザー」と判断されて、「ブロック」されたり、サーバの管理者に「通報」される可能性もあるので、注意してください。

　「ブロックや通報って何？」という方は、**8章2節**と**8章3節**を参考にしてください。

■「フォローリクエスト」が許可されるとどうなる？

　あなたの申し込んだ「フォローリクエスト」が許可されると、「非公開アカウント」の投稿を見ることができるようになります。

　「フォローリクエスト」が許可された旨の通知などは、一切ないので、注意してください。

■「フォローリクエスト」が拒否されるとどうなる？

　「フォローリクエスト」が拒否されても、特に何も起こりません。
　拒否された旨の通知なども、一切ありません。

　「非公開アカウント」のユーザーを検索してみて、右側に「砂時計」のアイコンが表示されている場合は、「フォローリクエスト」を許可するのか拒否するのか、そのユーザーの判断待ちの状態です。

砂時計のアイコンが表示されている間は判断待ちの状態

「砂時計」のアイコンが消え、何も表示されていない場合は、「フォローリクエスト」が拒否されたということになります。

■間違えて「フォローリクエスト」を申し込んだ場合はキャンセルできる？

できません。

マストドンには、申し込んだ「フォローリクエスト」をキャンセルする機能はありません。
申し込んだ「非公開アカウント」のユーザーに放置された場合は、そのままです。

「フォローリクエスト」が許可され、「非公開アカウント」のフォロワーになった場合は、フォローを外すことができます。

■「フォローリクエスト」を申し込む方法

アカウントを「非公開」に設定してあるユーザーは、基本的に検索して見つけます。
「非公開アカウント」のユーザーでも、投稿範囲を「公開」に設定して投稿した場合は誰でも見ることができます。

「フォローリクエスト」の申し込み方には2つの方法があります。
(a)検索結果からユーザーの右側に表示されている「フォローアイコン」をクリックする方法(**次図**参照)と、

検索結果からフォローする

(b) ユーザーの名前やアイコンをクリックして「ユーザー情報」を表示させ、左上のフォローアイコンをクリックする方法──です(**次図**参照)。

「ユーザー情報」からフォローする

＊

基本的に、普通にフォローするのとやり方は変わりません。

「非公開アカウント」をフォローする＝「フォローリクエスト」を申し込むこと、と覚えておくと分かりやすいかもしれません。

第**6**章

トラブルの「予防」と「対処」

大らかな雰囲気のSNSである「Mastodon」でも、ユーザー間のトラブルは起こり得ます。

本章では、それらを防いだり、対処したりするための機能を解説します。

ただ、これらの機能自体がトラブルの火種になることもあるので、よく考えて使いましょう。

6-1 指定したユーザーを「ミュート」(非表示)にする方法

筆　者	筑波遼
サイト名	かんたんブログ
URL	https://kanntann.com/mastodon-mute
記事名	【Mastodon(マストドン)】指定したユーザーをミュート(非表示に)する方法

「Mastodon」を利用していて、うざい「トゥート」ばかりしてくるユーザーっていますよね。

ぜんぜん知らない人ならフォローを外せばすむ話ですが、これが知り合いだったり、友人だったりすると、事情が変わってきます。

*

リアルで付き合いがある場合、フォローを外しにくいものです。

そんなときに便利なのが、「ミュート機能」。

「ミュート機能」を使えば、フォローを外さないまま、指定したユーザーの投稿を非表示にできます。

■「ミュート」とはどんな機能？

「ミュート」とは、簡単に言えば**非表示にすること**です。

「Mastodon」では、ユーザーごとに「ミュート」にすることができ、「ミュート」したユーザーの投稿は、すべて「非表示」となります。

＊

基本的に、「ミュート」したユーザーの投稿は、見なくてすむようになります。

■「非表示」になるのは投稿のみ

「Mastodon」の「ミュート機能」は、**指定したユーザーの投稿のみを非表示に**します。

そのため、あなたの投稿が指定したユーザーにブーストされたり、「お気に入り登録」された場合は、「通知欄」に、その都度表示されます。

■「ミュート」していることは相手にバレないか？

「ミュート機能」は、あくまでも指定したユーザーの「投稿」を非表示にするだけです。

「ミュート」している相手には分かりません。

「フォロー」を外すと、相手の「フォロワーリスト」から自分のアカウントが消えるので相手にバレますが、「ミュート」の場合、「フォロー」はそのままの状態が維持されます。

「相互フォロー」している場合でも、「ブロック」とは違い、「相互フォロー」の状態が維持されます。

※「Mastodon」のブロック機能については、**次節を参考にしてください。**

■「返信」があった場合はどうなる？

あなたの投稿に対して「ミュート」している相手から「返信」があった場合は、「通知欄」に「返信内容」が表示されるので安心です。

「Mastodon」では、自分の投稿に返信されると、「タイムライン」と「通知欄」に返信された内容が表示されますが、「ミュート」している相手からの返信は、「通知欄」のほうにだけ表示されるようになっています。

■指定したユーザーを「ミュート」する方法

今回は、「pawoo」のアカウントで、「friends.nico」のアカウントを「ミュート」してみます（両方とも自分で作ったアカウントです）。

手 順	指定したユーザーを「ミュート」する

[1]「ミュート」したいユーザーの投稿の下にある「…」をクリックします。

「…」をクリック

[2]「…」をクリックすると「吹き出し」が表示されるので、「吹き出し」の中の、

「ミュート」をクリック

[3]本当に「ミュート」していいのか確認が出てくるので、「ミュート」をクリックします。

「ミュート」をクリック

これで、指定した「friends.nico」のアカウントがミュートされました。

■「ミュート」したユーザーは確認できる？

「Mastodon」では、「ミュート」したユーザーのアカウントを確認できます。

手　順　「ミュート」したユーザーを確認する

[1] 「Mastodon」の画面のいちばん右側の部分を確認してください。

　[ミュートしたユーザー]と表示されているところがあるので、そこをクリックします。

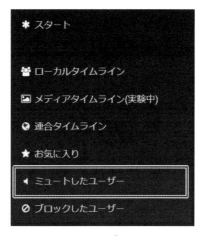

[ミュートしたユーザー]をクリック

[2] 「ミュート」したユーザーが表示されます。

「ミュート」に指定したユーザーが表示される

■「ミュート」を解除する方法

「ミュート」を解除するには、ユーザーの名前の右側にあるアイコンをクリックすると、ミュート状態が解除されます。

「スピーカー」のアイコンをクリック

「ミュート」が解除されると、ユーザーの右側に表示されているアイコンが変化します。

アイコンが変わる

■「ユーザー情報」から「ミュート」することもできる

　少し手間がかかりますが、「ユーザー情報」から「ミュート」することもできます。

手　順　「ユーザー情報」から「ミュート」する

[1]「ミュート」したいユーザーの「アイコン」や「名前」をクリックすると、「ユーザー情報」が表示されます。

「ユーザー情報」を表示する

[2]「ユーザー情報」の左下にある「三本線のアイコン」をクリックします。

「三本線のアイコン」をクリック

[3] 「三本線のアイコン」をクリックすると、吹き出しが表示されるので、吹き出しの中から「ミュート」を選択してクリックすると、「ミュート」が完了します。

「ミュート」を選択してクリック

　投稿の下にある「…」をクリックするやり方に比べると少し手間がかかりますが、念のため、「ユーザー情報」からそのユーザーがどんな人なのかを確認してから「ミュート」するのも一つの手です。

6-2　　指定したユーザーを「ブロック」する方法

筆　者	筑波遼
サイト名	かんたんブログ
URL	https://kanntann.com/mastodon-block
記事名	【Mastodon（マストドン）】指定したユーザーをブロックする方法

　「Mastodon」を利用していて困るのが、「迷惑なユーザー」の存在です。

　嫌がらせや一方的な自己主張をぶつけてくるなどの迷惑行為をされたら、「ブロック」するのがいちばんです。

　ここでは、指定したユーザーをブロックする方法について解説します。

■「ブロック」とはどういう機能？

　「ブロック」とは、簡単に言うと指定したユーザーを遮断する機能のことです。

　「Mastodon」の「ブロック機能」では、

・指定したユーザーの「フォロー」を強制的に解除
・指定したユーザーからの再フォローを拒否（指定したユーザーが再度フォローしようとしても、「403This action is not allowed」と表示され、フォローできません）
・指定したユーザーは、こちらの「ユーザー情報」を検索して表示することはできるが、投稿は一切見ることができない

などができ、「ブロック機能」を使えば指定したユーザーをほぼ完全にシャットアウトできます。

■「ミュート」と「ブロック」の違いは？

　「ミュート機能」は、「指定したユーザーの投稿を非表示にする」だけの機能です。

　フォローはそのままの状態で、投稿に対する返信などはきちんと表示されます（**前節**を参照）。

「ブロック」はフォローを強制的に外し、投稿などのアクションを全部シャットアウトしてくれる機能です。

完全に関係を断ちたい場合に使う機能が「ブロック」です。

■「ブロック」されたユーザーが見れるのはあなたの「ユーザー情報」のみ

自分で作った2つのアカウントでいろいろと試してみましたが、一度「ブロック」されると、投稿は見れなくなります。

すでに述べたように、検索してあなたのアカウントを見つけ、「ユーザー情報」を見ることだけは可能です。

「ユーザー情報」の下に表示される「投稿一覧」については、まったく表示されなくなります。

基本的に「ブロック」されたユーザーが見ることができるのは、あなたのユーザー情報だけです。

■「ブロック」すると相手に通知されるのか？

「ブロック」されても「通知」などは一切されません。

ただし、「フォロー」が強制的に外され、投稿を見ることができなくなります。

「ブロック」の仕組みについて知っているユーザーなら、「ブロック」されたことに気が付くでしょう。

(とはいえ、「ブロック」したユーザーに対してそこまで気を使う必要はないと思いますが)

■指定したユーザーを「ブロック」する方法

「pawoo」のアカウントで、「friends.nico」のアカウントをブロックしてみます(両方とも自分で作ったアカウントです)。

手 順	指定したユーザーを「ブロック」する

[1]「ブロック」したいユーザーの投稿の下にある「…」をクリックします。

「…」をクリック

[2]「…」をクリックすると、吹き出しが表示されるので、吹き出しの中から、「ブロック」をクリックします。

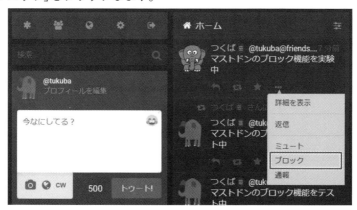

「ブロック」をクリック

[3]「本当にブロックしていいのか」の確認が出てくるので、「ブロック」を
クリックします。

「ブロック」をクリック

これでブロックは完了です。

＊

「タイムライン」を確認すると、先ほどまで表示されていた「friends.nico」の
アカウントの投稿がすべて消えました。

「ブロック」したアカウントの投稿が「タイムライン」から消えた

■「ブロック」したユーザーは確認できる？

　どのユーザーを「ブロック」したのかは、「Mastodon」の画面の右側で確認できます。

　[ブロックしたユーザー]をクリックすると、

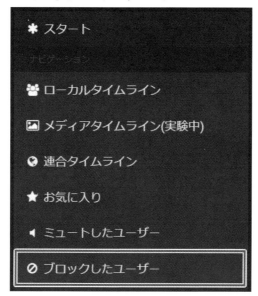

[ブロックしたユーザー]をクリック

自分で「ブロック」したユーザーを確認することができます。

「ブロック」したユーザーが表示される

■「ブロック」を解除する方法

一度「ブロック」したユーザーを元に戻すこともできます。

| 手 順 | 「ブロック」を解除する |

[1] 先ほどの [ブロックしたユーザー] のところで、ユーザーの右側にある「鍵のアイコン」を確認してください。

[2] 「鍵のアイコン」をクリックします。

「鍵のアイコン」をクリック

[3] アイコンがフォローする前の状態に変化します。

アイコンがフォローする前の状態に戻る

これでブロックは解除されました。

＊

一応「ブロック」は解除されましたが、フォローする前の状態に戻っています。

間違えて「ブロック」してしまった場合は、相手にそのことを伝えないとフォローが外れたままなので、注意してください。

■「ユーザー情報」から「ブロック」することもできる

「ブロック」したいユーザーの投稿の下にある「…」をクリックする以外にも、「ユーザー情報」から「ブロック」することができます。

手 順　「ユーザー情報」から「ブロック」する

[1]「ブロック」したいユーザーのアイコンか名前をクリックすると、「ユーザー情報」が表示されます。

「ユーザー情報」が表示される

[2]「ユーザー情報」の左下にある「三本線のアイコン」をクリックします。

「三本線のアイコン」をクリック

[3]「三本線のアイコン」をクリックすると、「吹き出し」が表示されます。

「吹き出し」が表示される

[4]「吹き出し」の中から、「ブロック」を選んでクリックすると、ブロック完了です。

＊

「ユーザー情報」から「ブロック」するほうが手間がかかりますが、こちらから「ブロック」したほうが間違いがなさそうです。

一度「ブロック」してしまうと、間違いだった場合に解除してもフォローが外れたままになります。

「Mastodon」は緩い感じのSNSですが、さすがにフォローした人から「間違えてブロックしてしまった。解除したからまたフォローしてほしい」と言われるのは、あまりいい気持ちではありません。

「ブロック」する際には、必ず間違いがないか確認しましょう。

6-3　問題のある「投稿」や「ユーザー」を通報する方法

筆　者	筑波遼
サイト名	かんたんブログ
URL	https://kanntann.com/mastodon-report
記事名	【Mastodon（マストドン）】問題のあるトゥート（投稿）やユーザーを通報する方法

「Mastodon」は比較的緩いというか、自由な感じのSNSですが、別に無法地帯でも何でもありません。

いくら自由であっても、法律に反する「文章」や「画像」「動画」などはアウトです。

ここでは、明らかに問題があると思われる「投稿」や「ユーザー」を通報する方法について解説します。

■「Mastodon」の通報機能について

普段の生活で犯罪の被害に遭ったり、見たりした場合は警察に通報すると思います。

「Mastodon」でも、投稿された「文章」や「画像」「動画」などが明らかに法律に反している場合は、通報機能を使うことができます。

ただし、「Mastodon」の場合は、警察などの行政機関やSNSなどを一括して運営している企業などとは違い、通報先がサーバを運営している個人や企業になります。

当然、通報された投稿やユーザーをどう判断するかは、各サーバの管理者に委ねられることになります。

あなたが明らかに違法だと思って通報しても、サーバの管理者が「これは違法ではない」と判断した場合はそのままです。

また、

・この人、気持ち悪いな〜

・この人、ムカつく！！

・この人、不愉快極まりない！！

などの理由で通報することは絶対にやめてください。

「気持ち悪い」「ムカつく」「不愉快」などは個人の主観でしかありません。

こういう場合は「通報」ではなく、フォローを外して見ないようにすればいいだけの話です。

また、「Mastodon」の各サーバを運営している個人や企業も、警察などとは違い、できることは問題のある投稿やユーザーのアカウントを削除することくらいです。

「Mastodon」の投稿であなたが被害を被った場合（「個人情報を晒されてしまった」「理不尽な中傷を受けた」など）は、警察に相談しましょう。

■各サーバのルールにも注意

法律に反する投稿はもちろんダメですが、各サーバが明示しているルールに明らかに反している場合も通報の対象になります。

たとえば、「mstdn.jp」のサーバ情報では、ルールの中にきちんと禁止事項が書かれています。

> ※「mstdn.jp」のルールは以下のURLを参照
> https://mstdn.jp/about/more

「連投」「フォロ爆※」「スパムにしか見えないような宣伝」などの他人に迷惑がかかる行為などが禁止されています。

法律さえ守れば、どんな投稿もOKという考え方はNGです。

きちんと各サーバが明示しているルールを確認しておきましょう。

> ※フォロ爆…フォロワー数を増やすために、自分でたくさんのアカウントを作って、そのアカウントでフォローすること

■問題のある投稿を通報する方法

ここでは、自分で作った2つのアカウントを使って説明します。

「通報機能について書いてるブログ用の投稿」という投稿を通報してみます。

手 順	投稿を通報する

[1] まずは、投稿の下の「…」を確認してください。

[2] 確認したら、「…」をクリックします。

「…」をクリック

[3] 吹き出しが表示されるので、「通報」を選んでクリックします。

「通報」を選んでクリック

[4] 画面に、[新規通報] と表示されます。

[新規通報] と表示される

　「通報」する投稿に「レ点」が付いてることを確認して、いちばん下の「通報する」
をクリックすると、通報が完了します。

第 7 章
その他の操作

本章では、「プロフィールの設定方法」や「言語設定」、「アカウントの公開範囲」について解説しています。

「公開範囲」は言わずもがな、「プロフィール」も「使用言語」も、「SNS上で、どんな人とつながるか」に関わることなので、覚えておいて損はないでしょう。

7-1　「プロフィール」を「編集」する方法

筆 者	筑波遼
サイト名	かんたんブログ
URL	https://kanntann.com/mastodon-profile
記事名	【Mastodon（マストドン）】プロフィールを編集する方法

　「Twitter」など他の「SNS」では、アカウントに「公式マーク」を使えるのは、「芸能人」や「スポーツ選手」など、一部の人たちだけでした。

　しかし、「Mastodon」では、誰でも「公式マーク」が使えます。

　「なんで、普通の人が『公式マーク』を使えるの？」という疑問なども含めて、ここでは「Mastodon」の「プロフィール」の編集方法について解説します。

■「Mastodon」の「プロフィール」を編集する方法

　今回は、パソコンからプロフィールを編集してみます。

> 手 順　「プロフィール」を編集する

　[1] まずは、「Mastodon」にログインします。

[2] 画面の左上にある、[プロフィールの編集] をクリックします。

[プロフィールの編集] をクリック

[3]「Mastodon」の「プロフィール編集画面」が表示されます。

ここで、「Mastodon」の「プロフィール」を、すべて編集できます。

「Mastodon」の「プロフィール編集画面」

■「公式マーク」をつける方法

さっそく、「プロフィール画面」から、「公式マーク」をつけてみましょう。

＊

「プロフィールの編集画面」のいちばん上にある「表示名」のところで、「アカウントの名前」を編集することができます。

「表示名」を編集する

「表示名」の下に「30文字まで設定できます」と書いてありますが、「日本語」や「英語」だけでなく、「絵文字」も入力できるようになっています。

「絵文字」も使えるというのがミソで、「絵文字」を使って "「公式マーク」みたいなもの" を表示します(あくまでも「公式マーク "みたいな" 絵文字」です)。

＊

「表示名」のところには、「名前」のあとに「:white_check_mark:」と入力して、「変更を保存」をクリックしてください。

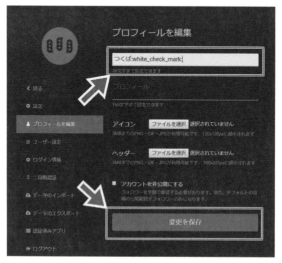

「:white_check_mark:」と入力して、「変更を保存」をクリック

この「:white_check_mark:」が、「公式マーク(っぽい絵文字)」になります。

■「公式マーク(っぽい絵文字)」はどんな感じで表示される?

変更を保存したあと、「ホーム画面」に戻ります。

ここで誤解しやすいのですが、「ホーム画面」の「左側」に表示されている「自分のプロフィール」は、今までのままで変わっていません。

「公式マーク(っぽい絵文字)」は、「投稿」したときに表示されます。

投稿してみると、こんな感じで自分の名前の横に「公式マーク(っぽい絵文字)」が表示されています。

投稿すると「名前」の横に「絵文字」が表示される

やってみるとけっこう簡単ですね。

■「公式マーク」の実際のところ

上記に書いた通り、「Mastodon」で使われている「公式マーク」は、単なる「公式マークっぽい絵文字」です。

「Mastodon」が公式と認めたものでも何でもありません。

名前の後ろにつけた単なる「絵文字」であり、特に何の意味もありません。

■「公式マークっぽい絵文字」がうまく表示できない場合は？

「公式マークっぽい絵文字」がうまく表示されないという場合は、「ブラウザの問題」か、「スペルが間違っている」かのどちらかの可能性があります。

*

「ブラウザ」については、「Internet Explorer」を使っている人は、「Mastodon」がうまく表示されない可能性があります。

できれば、「Google chrome」「Microsoft Edge」「Mozilla Firefox」などの最新バージョンを使うことをお勧めします。

■「公式マーク」以外にも、いろいろな「絵文字」が使える

「公式マークっぽい絵文字」以外にも、たくさんの「絵文字」が使えます。

*

たとえば、「:grinning:」を使うと、こんな感じで、スマイルマークが使えます。

「:grinning:」は笑顔の絵文字

「:battery:」を使うと、少し分かりづらいですが、「バッテリ」の絵文字が使えます。

「:battery:」は「バッテリ」の絵文字

コピペするだけで簡単に使えるので、興味がある人は、ぜひ「絵文字」を使ってみてください。

■「表示名」以外の編集方法

「表示名」以外の編集方法について、簡単に解説します。

*

「プロフィール」については、「160字」までOK。

興味のあるスマホやアプリについて、ブログにいろいろ書いてます。かんたんブログhttp://kanntann.com
160文字まで設定できます

「プロフィール」は「160字」まで設定できる

ちなみに、「ブログのURL」を入力してみましたが、自動的に「リンク」がつきました。

これは便利ですね。

URLを入力すると自動的に「リンク」がつく

*

「アイコン」については、「2MBまでのPNG、GIF、JPGが利用可能です、120×120pxに縮小されます」という注意書きがあります。

「アイコン用画像」には条件がある

指定の形式、容量内で、「120×120ピクセル」に縮小されても見やすいレベルの画像を用意しましょう。

*

「ヘッダー」も、「2MBまでのPNG、GIF、JPGが利用可能です、700×335pxに縮小されます」と注意書きがあります。

「ヘッダー用画像」にも条件がある

こちらも、「アイコン」と同じように、「2MB」までのPNG、GIF、JPGの形式を使い、「700×335px」に縮小されても見やすいレベルの画像を用意しましょう。

＊

「アカウント」を「非公開」にするかどうかも、「プロフィール」から設定できます（**7章3節**を参照）。

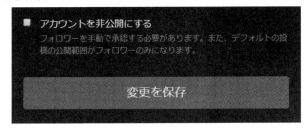

「非公開」にするかどうかを設定

＊

すべてのプロフィールの編集が終了したら、「変更を保存」をクリックしましょう。

一応、適当にプロフィールを編集してみました。

実際に編集したプロフィール

「画像がやや暗く表示されてしまうこと」と、「アイコン画像が自動的に円形にトリミングされてしまうこと」に注意してください。

「画像」は「画像編集ソフト」を使って、やや明るめにしておいたほうがよさそうです。

「アイコン画像」については、「自動的に丸く切り取られる」と覚えておいてください。

7-2	使う言語を変更する方法

筆　者	筑波遼
サイト名	かんたんブログ
URL	https://kanntann.com/mastodon-language
記事名	【Mastodon（マストドン）】使用する言語を変更する方法

　「Mastodon」では、「日本のサーバ」でアカウントを作った場合、基本的に使う言語は「日本語」に設定されています。

　しかし、ユーザーによっては、「英語圏で育ったため英語表記のほうが分かりやすい」「フランス語を勉強しているので、フランス語で『Mastodon』を使ってみたい」など、使う言語を変更したいと考えている人もいると思います。

　ここでは、「Mastodonで使う言語を変更する方法」を解説します。

■使う言語を変更する方法

手　順　使う言語を変更する（「日本語」から「英語」）

[1] まずは、「Mastodon」の［ホーム画面］を開きます。

[2]［ホーム画面］を開いたら、画面の右下にある［ユーザー設定］をクリックします。

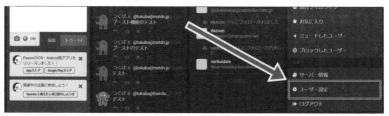

［ユーザー設定］をクリック

[3] すると、［ユーザー設定］の画面が表示されます。

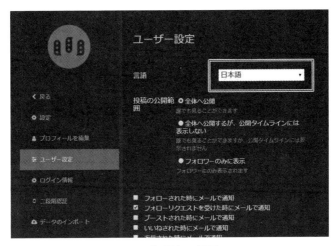

[ユーザー設定]の画面

　日本のサーバでアカウントを作った場合、言語は「日本語」に設定されて
いると思います。
　今回はこれを、「英語」に変更してみます。

[4] 「言語欄」をクリックして、「日本語」から「English」(英語)に変更します。

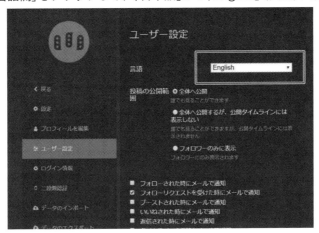

「English」(英語)に変更

[5] 言語を「English」（英語）に変更したら、画面下の「変更を保存」をクリックします。

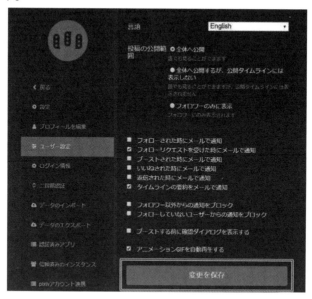

「変更を保存」をクリック

すると、「Mastodon」の画面が英語表記に変わります。

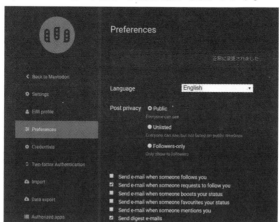

英語表記に変わる

[6] [Back to Mastodon] をクリックすると、[ホーム画面] に戻ります。

＊

英語表記の「Mastodon」は、こんな感じになります。

英語表記の「Mastodon」

こんどは、「英語」から「日本語」に変更してみます。

| 手　順 | 使う言語を変更する(「英語」から「日本語」) |

[1] 画面の右下にある [Preferences] をクリックします。

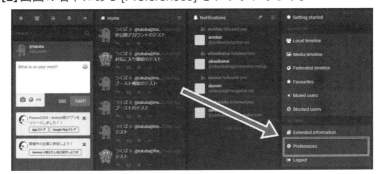

[Preferences] をクリック

[2] 「Language」(言語)のところを、「English」(英語)から「日本語」に変更します。

「English」（英語）から「日本語」に変更

[4]「日本語」に変更したら、「SAVE CHANGES」をクリックします。

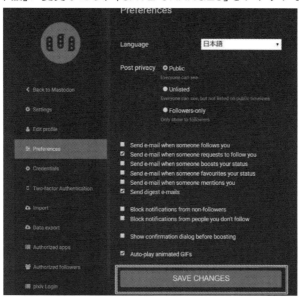

「SAVE CHANGES」をクリック

これで、「Mastodon」の画面が日本語表記に変更されました。

日本語表記に変更された

[戻る]をクリックして、[ホーム画面]に戻ってみます。

[ホーム画面]に戻った様子

[ホーム画面]に戻ると、「Mastodon」の画面がきちんと「日本語表記」になっているのが確認できます。

■言語を変更する際の注意点

「外国語を勉強したい」などの理由で「Mastodon」の言語を変更する場合、ある程度、その外国語を習得しているのならば問題はないと思います。

ただ、ほとんどよく分からない外国語に言語を変更したときに、「あれ！？『ユーザー設定』ってどんな単語だったけ？」など、基本的な単語すら分からないレベルだと、いざというとき日本語表記に戻すのも苦労することになります。

外国語の勉強のために使用する言語を変更する場合は、ある程度その外国語を取得してから使うようにしましょう。

7-3	「非公開アカウント」にする方法

筆　者	筑波遼
サイト名	かんたんブログ
URL	https://kanntann.com/mastodon-private
記事名	【Mastodon（マストドン）】非公開アカウントにする方法

　「Mastodon」では、自分の「トゥート」（投稿）を許可したユーザーのみに見せて、まったく関係のない第三者には見られないようにする、「非公開」の設定が用意されています。

　「リアルの知り合いや、友人とのみ『Mastodon』を楽しみたい」「信頼できるユーザーとのみ交流したい」という人などには、便利な機能です。

　本節では、「Mastodon」の「非公開アカウント」の設定と使い方について解説します。

■「非公開アカウント」とは？

　「Mastodon」をスタートした時点では、すべてのアカウントが「公開」の状態（誰でも投稿が見れる状態）になっています。

　しかし、「非公開アカウント」に設定すると、許可したフォロワーしか自分の投稿を見れないようになります。

　ただし、「Mastodon」では、「非公開アカウント」の状態でも、投稿の公開範囲を変更して投稿することが可能です（この点については、後述します）。

■「非公開アカウント」に設定すると、フォローが許可制になる

　「非公開アカウント」に設定する前にフォロワーだったユーザーはそのままですが、「非公開」に設定して以降は、フォローが許可制になります。

　具体的には、あなたのフォロワーになりたいユーザーは、「フォロー申請」を送り、あなたが許可しないとフォローすることができません。

フォローの許可については、すべて手動で承認することになります。

■「非公開アカウント」に設定する前の投稿は見ることができる

「非公開アカウント」に設定すると、フォロワー以外のユーザーは投稿を見ることができなくなります。

しかし、見ることができなくなるのは、**「非公開」に設定して以降の投稿のみ**です。

「ユーザー情報」や「非公開」に設定する前の投稿は、誰でも見ることが可能です。

*

次図のように、「非公開」に設定したアカウントを検索して「ユーザー情報」を表示すると、「非公開」にする前の投稿は、「ユーザー情報」の下に表示されます。

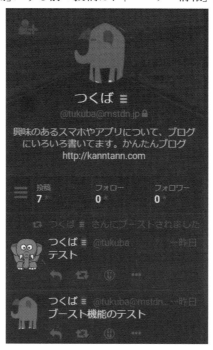

「非公開」にする前の投稿は表示される

■「非公開アカウント」には、「鍵のアイコン」が表示されるようになる

アカウントを「非公開」にしても、検索して「ユーザー情報」を見ることができます。

ここまでは「公開アカウント」と同じです。

*

ただし、「非公開アカウント」だと、「ユーザー名」の右側に「鍵のアイコン」が表示されるようになります。

非公開にすると「鍵のアイコン」が表示される

■「ユーザー情報」は非公開にできる？

できません。

「ユーザー名」で検索すると、「非公開アカウント」であっても検索結果に引っかかるようになっています。

「表示名」や「プロフィール」、使っている「アイコン」や「ヘッダー画像」などの「ユーザー情報」は、「非公開アカウント」に設定しても、誰でも見れるようになっています。

■「非公開アカウント」の投稿は、「ブースト」できない

「非公開アカウント」の投稿は、デフォルトだとフォロワーのみに公開されるようになっています。

この場合、「非公開アカウント」の投稿は、限られたフォロワーのみ見ることが可能です。

しかも、フォロワーがその投稿を「ブースト」しようしても、できないようになっています。

投稿の下に表示されるブースト用のアイコンが「鍵のアイコン」に変化し、クリックしても「ブースト」できません。

「非公開アカウント」の投稿はブースト用のアイコンが「鍵のアイコン」になる

※「ブースト機能って何？」という方は、**4章2節**を参考にしてください。

■「非公開アカウント」でも、「公開投稿」ができる

「非公開アカウント」に設定していても、誰でも見れるように投稿がしたい場合は、「公開範囲」を変更すれば、公開投稿をすることが可能です。

*

「非公開アカウント」では、投稿欄の下に表示されている「公開範囲」が、デフォルトでは「非公開」になっています。

公開範囲を変更するには、「鍵のアイコン」をクリックします。

「鍵のアイコン」をクリック

「鍵のアイコン」をクリックすると、「公開範囲」を設定できる「吹き出し」が表示されます。

ここで、「公開」を選択してクリックすると、誰でも見ることのできる投稿をすることができます。

「公開」を選択

※「投稿範囲って何？」という方は、**1章3節**を参考にしてください。

■「非公開アカウント」に設定する方法

手　順　「非公開アカウント」に設定する

[1] まずは「非公開アカウント」に設定したい「Mastodon」のアカウントに接続します。

[2] [プロフィールを編集] をクリックします。

[プロフィールを編集] をクリック

[3] すると、「プロフィールを編集」という画面が表示されます。
　[アカウントを非公開にする]（[承認制アカウントにする]の場合もある）というところをチェックして、「変更を保存」をクリックします。

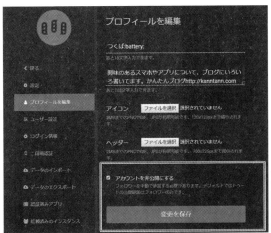

[アカウントを非公開にする] → 「変更を保存」をクリック

[4] これで、「非公開アカウント」の設定が完了です。

*

ホーム画面に戻ると、[お気に入り]の下に[フォローリクエスト]の項目が追加され、「フォロー申請」があった場合に確認できるようになります。

[フォローリクエスト]の項目が追加される

■「非公開アカウント」を解除する方法

手　順　「非公開アカウント」を解除する

[1]「非公開アカウント」を解除するには、「プロフィールを編集」をクリックします。

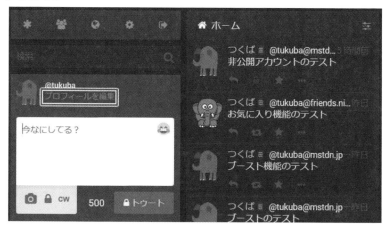

「プロフィールを編集」をクリック

[2] [アカウントを非公開にする]のチェックを外して、「変更を保存」をクリックします。

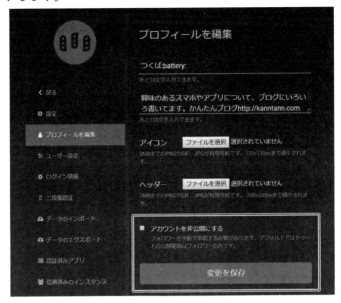

[アカウントを非公開にする] → 「変更を保存」をクリック

[3] これで、「非公開アカウント」の解除が完了です。

■「非公開アカウント」を解除するときの注意点

「非公開アカウント」を解除するときに注意したいのが、(a)特定のフォロワーに向けた投稿が誰でも見れる状態になるということです。

また、(b)「フォローリクエスト」(フォローの申請)を放置していた場合、「非公開」を解除すると、自動的にフォローされます。

「非公開」を解除する以上、あまり気にする必要はないかもしれませんが、上記の2点については一応注意してください。

関連図書

IO BOOKS バーチャル空間で「3Dアバター」を使って交流!

はじめての「VRChat」

■I/O編集部 編　■A5判128頁　■本体2,400円

　「VRChat」は、バーチャル空間で複数のユーザーと交流できる「VRのSNS」。

　「VRChat」を快適に利用するのに「必要な機材」や「PCのスペック」「VRChat」の始め方や、「アバター」をアップロードしたり装飾したりする方法を解説。

IO BOOKS 「電話」や「SMS」をプログラムに組み込む「APIサービス」

はじめてのTwilio

■葛　智紀　■A5判144頁　■本体1,800円

　「Twilio」(トゥイリオ)は「電話番号」や「SMS」をプログラムの中に組み込むAPIサービス。「電話」と連携したシステムを簡単に作れます。

　本書では、「Twilioを使ってできること」「Twilioの基礎的な使い方」といった基礎的な内容からはじめ、「ブラウザフォンの作り方」や「自動音声応答システムの作り方」などの応用まで解説。

IO BOOKS ネット上のトラブルに実例でアドバイス

ネットトラブルQ&A

■ダルク　■A5判128頁　■本体1,900円

　ネットのサービスが拡大していけばいくほど、新しいトラブルも必ず発生し、コロナ禍につけこんだような詐欺も急増しています。

　「マルチ商法」「動画配信」「ネットオークション」「アカウント売買」「怪しい広告」…など、多岐にわたってネット上のトラブルについてのアドバイスを。

索引

数字・記号順

+のアイコン ……………………………………53
:battery: …………………………………………88
:grinning: ………………………………………88
:white_check_mark: ……………………………86
403This action is not allowed ……………72

アルファベット順

《A》
ActivityPub ……………………………………11

《B》
best-friends.chat ………………………………9

《C》
CW機能 …………………………………………17

《D》
DM…………………………………………………17

《F》
Fedibird…………………………………………15
Fediverse ………………………………11,33
friends.nico ……………………………………8

《G》
GAAC2……………………………………………8
GC2………………………………………………8

《H》
HTL………………………………………………21

《J》
joinmastodon…………………………………28

《K》
kirishima.cloud ………………………………32

《L》
LTL ………………………………………………21

索　引

《M》

Mastodon	8
matitodon.com	31
Misskey	13,25
mstdn.jp	8

《P》

pawoo.net	8
pokemon.mastportal.info	32

《T》

TL	18
Twitter	14,20,25

《V》

vandrare.page	30
vocalodon.net	29

五十音順

《あ》

あ　アイコン … 90
　　アイコンの設定 … 25
　　アカウントの引っ越し … 24
　　アカウントを切り替える … 34
　　アスタルテ … 32
　　後押しする … 42
　　荒らし … 21

い　イーロン・マスク … 20

う　ヴァンダレー … 30

え　閲覧注意設定 … 17
　　絵文字 … 86,88

お　お気に入り機能 … 47
　　お気に入り登録を削除する … 49
　　押し上げる … 42

《か》

か　ガーシーツー … 8
　　鍵垢 … 17
　　鍵のアイコン … 77,101

　　カスタム絵文字 … 19
　　画像を削除 … 39

け　ゲーム … 32
　　言語欄 … 93

こ　公開 … 16,22
　　公開トゥート …
　　公開投稿 … 103
　　公開範囲 … 16
　　公式マーク … 87
　　交通 … 31
　　コミュニティ … 21

《さ》

さ　サーバ … 11,23
　　サーバを選ぶ理由 … 28
　　サーバ選びの重要性 … 26
　　サーバ負荷 … 33
　　再投稿 … 42
　　削除 … 36
　　サブアカウント … 24

し　収益化 … 14
　　錠の掛かった南京錠 … 17
　　錠の外れた南京錠 … 16
　　新規通報 … 83

す　スプラトゥーン … 32

《た》

た　タイムライン … 18
　　ダイレクト … 17,22
　　ダイレクトメッセージ … 17
　　旅 … 30

ち　地球マーク … 16
　　中央集権型 … 10
　　地理 … 31

つ　通報 … 80
　　通報の対象 … 81
　　使う言語を変更する … 92,95

て　手紙のマーク … 17
　　鉄道 … 31

と トゥート ………………………………34
　　トゥートを削除 …………………………34
　　投稿 ………………………………………34
　　投稿を通報する ………………………82
　　投稿一覧 ………………………………46
　　ドメイン名 ……………………………28

《な》

に 日本サーバ ………………………………28

《は》

ひ 非公開 ………………………………………22
　　非公開アカウント …………………56,99
　　非公開アカウントに設定する …………105
　　非公開アカウントを解除 ………………106
　　非表示 …………………………………41,64
　　表示名以外の編集方法 …………………89

ふ ブースト …………………………………42,102
　　ブーストを削除する ……………………45
　　フォロー …………………………………65
　　フォローアカウントリストの
　　　インポート／エクスポート ………24
　　フォローリクエスト ……………………56
　　フォローリクエストが消えてしまった…58
　　フォローリクエストをキャンセルする…62
　　フォローリクエストを確認する …………57
　　フォローリクエストを拒否 ……………59
　　フォローリクエストを許可する ………58
　　フォローリクエストを申し込む …………60
　　フォロワーリスト ………………………65
　　フォロワー限定 …………………………17
　　フォロ爆 ………………………………81
　　ブロック …………………………………21,72
　　ブロックしたユーザー …………………76
　　ブロックを解除する ……………………77
　　プロフィール ……………………………84
　　プロフィールを編集 ……………………84
　　分散型SNS ………………………………10

へ ヘッダー ……………………………………90
　　返信 ………………………………………66

ほ 放浪鯖 ……………………………………30
　　ホームタイムライン ……………18,21,28
　　他のユーザーのトゥート ………………40
　　ボカロ ……………………………………29
　　ボカロ丼 …………………………………29
　　ポケマス …………………………………32
　　ポケモン …………………………………32
　　星のアイコン ……………………………48

《ま》

ま 間違えてブーストしてしまった …………43
　　まちトドン ………………………………31

み 未収載 ……………………………………16,22
　　ミュート …………………………………21,41,64
　　ミュートしたユーザー …………………68
　　ミュートを解除する ……………………69

も モンスターハンター ………………………32

《や》

や 矢印アイコン ………………………………44

ゆ ユーザー情報 ………………54,70,78,102
　　ユーザー設定 ……………………………92
　　ユーザー名 ………………………25,53,54

《ら》

り リクエストがキャンセル …………………58
　　リモートフォロー ………………………51
　　リモートフォ_ローを解除 ……………54

れ 連合TL ……………………………………21
　　連合タイムライン ………………18,21
　　連投 ………………………………………81

ろ ローカル・タイムライン …………18,21,28

《わ》

わ ワードミュート ……………………………21

■筆者名＆URL

筆　者	筑波　遼(つくば・りょう)
サイト名	「かんたんブログ」
URL	https://kanntann.com/

筆　者	れるらば
URL	https://note.com/rrrb_n/

本書の内容に関するご質問は、
① 返信用の切手を同封した手紙
② 往復はがき
③ FAX (03) 5269-6031
　（返信先の FAX 番号を明記してください）
④ E-mail　editors@kohgakusha.co.jp
のいずれかで、工学社編集部あてにお願いします。
なお、電話によるお問い合わせはご遠慮ください。

サポートページは下記にあります。

［工学社サイト］
http://www.kohgakusha.co.jp/

I/O BOOKS

Twitterの次のSNS 「Mastodon」入門

2022年12月30日　初版発行　ⓒ2022

※定価はカバーに表示してあります。

編　集　I/O 編集部
発行人　星　正明
発行所　株式会社工学社
〒160-0004 東京都新宿区四谷 4-28-20 2F
電話　　(03) 5269-2041 (代) ［営業］
　　　　(03) 5269-6041 (代) ［編集］
振替口座　00150-6-22510

印刷：(株)エーヴィスシステムズ　　　　ISBN978-4-7775-2229-3